手創生活

餐廳與廚房佈置

創意輕鬆做

easy do !!

目 錄
contects

COFFEE	80
BLACK TEA	50
MILK TEA	70
WATER	30
FRUIT	60
ORANGE	60
VEGETABLE	70

SujuiHo

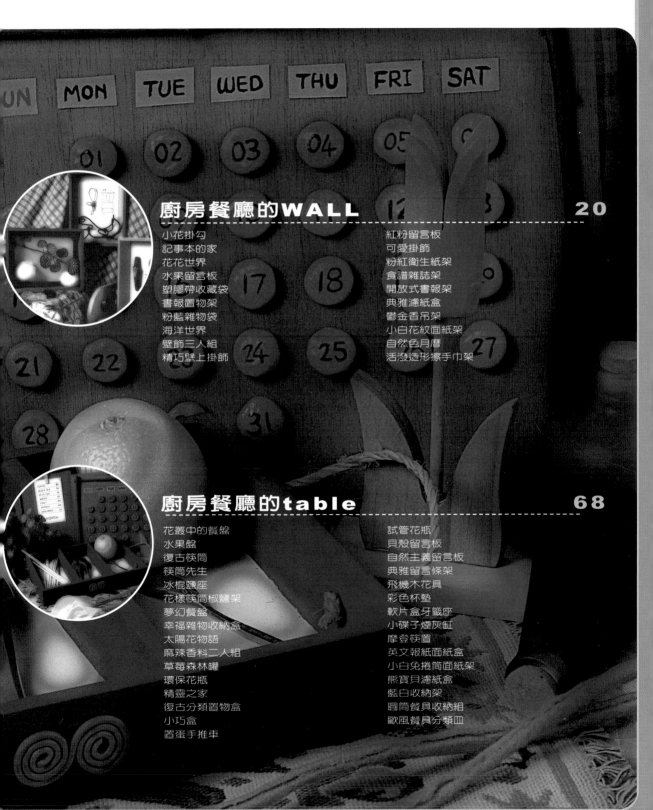

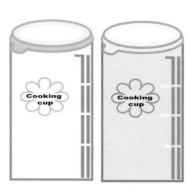

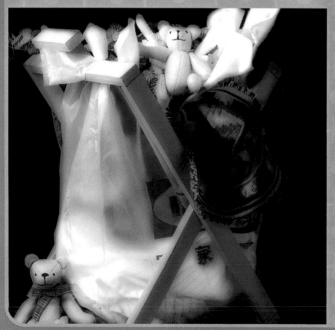

廚房及餐廳在一個家庭裡是扮演著相當舉足輕重的角色,可是我們一般人卻常常忽略它,我們都認為它只是個做菜用餐的地方。

其實不然,我們可以運用自己的巧手,為每個家中的廚房、餐桌加點裝飾與美化,並且有效的利用空間,增添實用性。

這樣一來,廚房它的功能就再也不只是做菜而已。它可以是個兼具實用性以及娛樂性的地方。

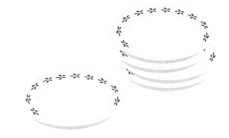

工欲善其事，必先利其器，就是要多動動自己的左右手，再加上獨特的創意，將個人的想法表現出來；但是光靠頭腦是不夠的，還要配上適當的工具，這樣才能事半功倍哦！白膠，在將木頭固定時有很好的效果；而線鋸對於製作小巧的作品則有很大的幫助，可要善加利用呢！

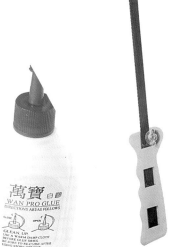

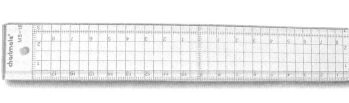

本書的材料以木
材和布料為主，做出
的作品則是十分實
用，但要注意的是，
木材一次買的份量較
多，所以在購買之前
可得精打細算一番。
其它材料也有從自家
中能隨手可得的，如
玻璃杯、糖果罐及喜
餅鐵盒等，生活中DIY
的材料應有盡有，要
看你如何運用你的巧
思將它獨樹一格囉！

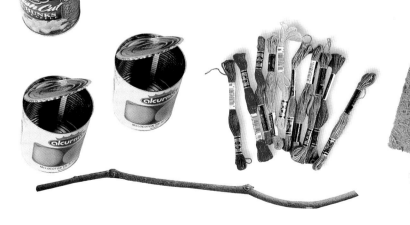

on the wall

 小花掛鉤

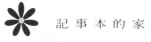 記事本的家

書報雜物架

塑膠袋收藏袋

水果留言夾

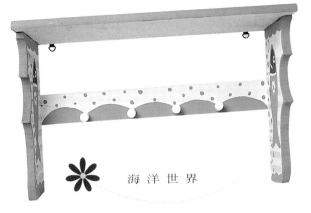

❋ 海洋世界

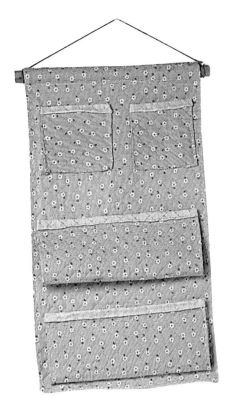

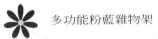

❋ 多功能粉藍雜物架

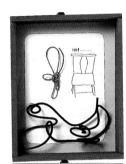

❋ 壁飾三人組

粉紅留言板

小壁飾

on the wall

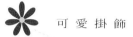

❋ 可愛掛飾

❋ 粉紅衛生紙架

食譜雜誌架

❋

開放式書報架

❋

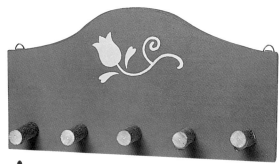

 鬱金香吊架

 自然色月曆

小白花紋面紙架

 典雅濾紙盒

 活潑造型擦手巾架

on the table

✽ 花叢中的餐盤

✽ 夢幻餐盤

✽ 冰棍鹽座

✽ 花樣筷筒椒鹽架

❋ 麻辣香料二人組

❋ 復古筷筒

❋ 草莓森林罐

❋ 精靈之家

❋ 環保花瓶

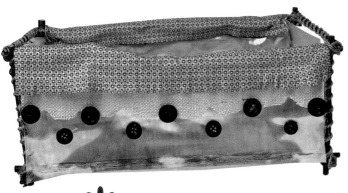

❋ 幸福雜物收納盒

❋ 太陽花物語

on the table

❋ 復古分類置物盒

❋ 置蛋手推車

❋ 小巧盒

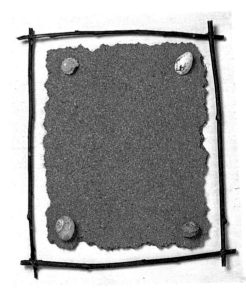

❋ 試管花瓶

❋ 貝殼留言板

✿ 自然主義留言板

✿ 彩色杯墊

✿ 飛機木花具

✿ 摩登筷置

✿ 小碟子煙灰缸

✿ 軟片盒牙籤座

on the table

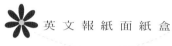
❋ 英文報紙面紙盒

❋ 圓筒餐具收納組

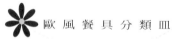
❋ 歐風餐具分類皿

❋ 熊寶貝濾紙盒

❋ 小白兔捲筒面紙架

❋ 藍白收納架

 光 的 精 靈

 環 保 手 提 袋

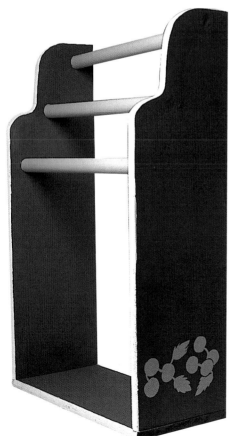

 優 雅 手 巾 架

 蔬 菜 收 納 箱

souce

KEIGO
WHAT?
DESIGN FOR LIFE

Keigo

Keigo

Keigo

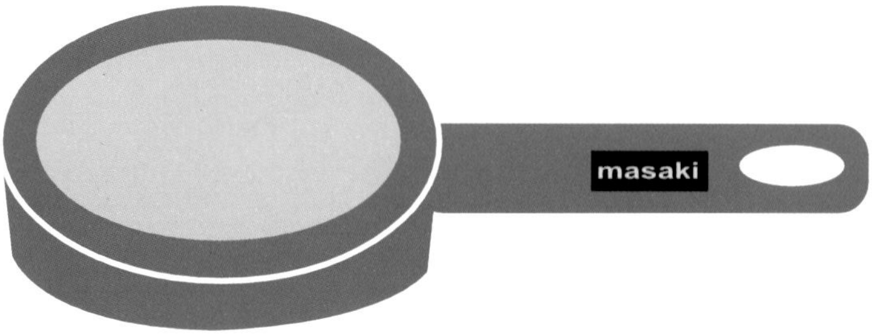

masaki

Masaki

Keigo

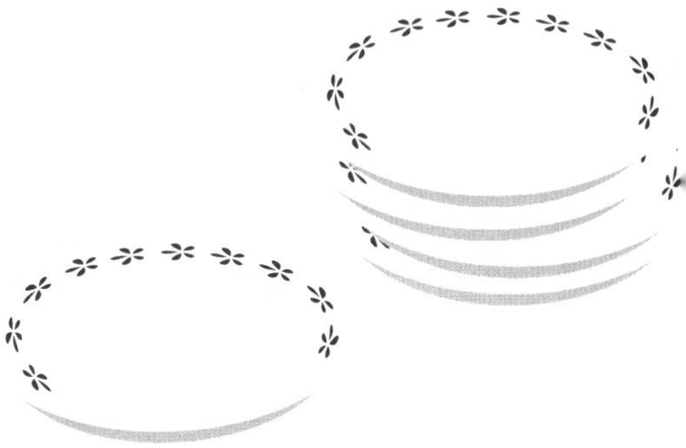

o e shi

1

面對冷冷的牆面，難免會讓人了無生趣
可是在 "新食器時代" 這兒
會教你如何把自家的牆面變的有趣活潑
讓你活得更加自在、快樂

狹小的廚房
是媽媽們施展魔法的地方
如能在強調功能性的廚房裡
增添些許美麗的壁面裝飾
相信一定能使廚房更加活潑有活力

廚房餐廳的 WALL ---

------- 牆 面 -----

Wonderful Sweets

it's a good idea

日常生活中
實在有太多雜物需要懸掛
然而小花掛勾則是具有此項功能的掛勾
相信大家都有想找樣東西
突然間就是找不著
可是有了記事本
就不會有這個問題發生啦

Made with warm hearts

An organized space

飛到那高空中看看這個世界

這個花花的世界

飛到那遠方中望望這個世界

其實這個世界並不是像你我想像中那麼淒涼

而溝通乃是親子之間最為重要的互動

但是面對面交談下容易發生不必要的爭執

此時此刻留言板就派上用場啦

〈小花掛勾〉

材料：木材、掛榫、掛鉤

工具：鋸子、釘子、顏料
螺絲起子

用途：吊掛物品⋯⋯⋯

● 製作的方法　　　　　HOW TO MAKE

1
準備一塊木板，並鋸下小花的圖案。

2
在四邊貼上方形木條。

3
準備三個紅色掛勾。上色並釘上掛勾。

4
最後在背面鎖上掛勾完成。

〈記事本的家〉

材料：木材、掛鉤

工具：鋸子、釘子、顏料
螺絲起子

用途：可放置小冊子

〈花花世界〉

材料：木材、活頁夾

工具：鋸子、釘子、顏料
螺絲起子

用途：可放置小冊子（例如菜單、
食譜、記事本）

● 製作的方法　　HOW TO MAKE

1

裁切適當的木片。

3

組合木片。

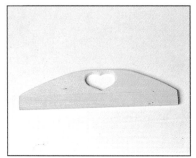

2

鋸下心形圖案，以增添
活潑氣氛。

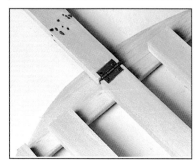

4

在背後裝釘活頁夾。最
後上色完成。

● 製作的方法　　HOW TO MAKE

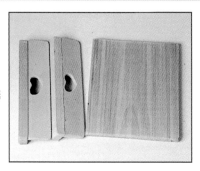

1

裁切適當的木塊，並鋸
出心形圖案。

2

在背面鎖上掛勾，最後
上色完成。

〈水果留言板〉

材料：紙板、紙籐、枯枝
紙黏土、圖釘、包裝紙
掛鉤

工具：剪刀、園藝剪、樹脂
螺絲起子、熱融槍

用途：留言、張貼照片....

製作的方法　　HOW TO MAKE

1 準備好物品。

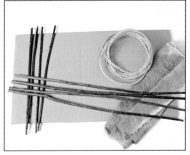

2 將紙包在紙板外。

3 用熱融槍固定樹枝於紙板四週。

4 在樹枝四週，繞上黃色紙籐。

5 在紙板後掛上掛勾。

6 用紙黏土，黏成想做的水果造形並在背面固定圖釘，成了水果造型的圖釘，可以用來釘住留言紙條。

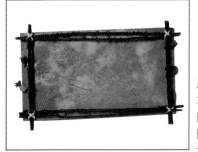

✿ 〈塑膠袋收藏袋〉

材料：布料、線

工具：剪刀、針

用途：將塑膠袋回收，可置於袋內，使用時，於下方抽取即可。

● 製作的方法　　　　HOW TO MAKE

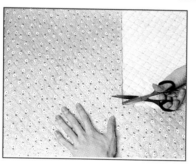

① 首先先裁切一塊布。

④ 整理。

② 背面反折，縫布邊。

⑤ 在背面連接處剪兩個開口。

③ 反面在整塊布的三分之一處縫死。

⑥ 穿過緞帶，完成束口，即可完成。

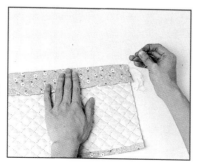
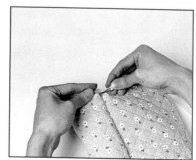

Like a sunlight

Let's try!

一個完整的放置書報的空間

對一個家庭是重要的

尤其是家庭主婦別忘了

而雜七雜八的物品是最令人心煩了

如能有一個完整的收納袋子收納

那令人心煩的事情便解決

如此一來每天就能夠保持快樂的心情了

My favorite kitchen

廚房是個大家都熟悉的地方

可是有時它了無新意

藉著海洋世界

希望能讓廚房世界增添些許美麗的情調

可愛而又有氣質的壁飾

是可增添些許生活情調的呢

〈書報置物架〉

材料：木材

工具：鋸子、釘子、顏料

用途：可置雜誌、報紙等．．．．

製作的方法　　HOW TO MAKE

 1　裁切幾個適當的木板。

 **4**　於木條上畫些小花的圖案。

 2　畫出想要的形。

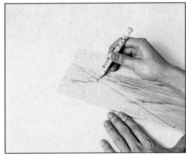

5　上色完成。

 3　裝釘組合。

〈粉藍雜物袋〉

材料：布料、木棒、麻繩

工具：剪刀、針線

用途：可置廚房用品、保鮮膜
　　　等....

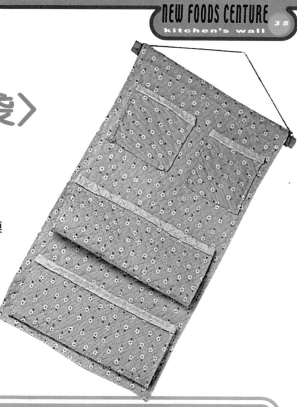

製作的方法　HOW TO MAKE

1
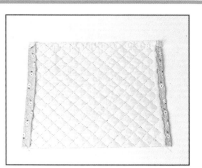
準備一塊布並縫出布
邊。

2

正面反折，露出背面底
以增加層次感。

3
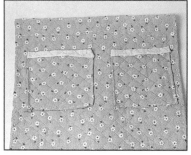
用同樣方法，製作出兩
大兩小的方形布。把已
完成的小袋子縫在底布
上。

4

再縫上兩個大袋子。

5
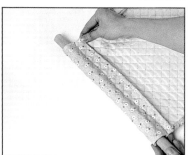
底布頂端反折縫上，並
穿上木棒。

5
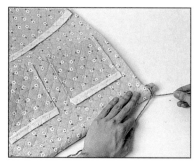
最後綁上麻繩，掛在牆
上即可完成。

❋〈海洋世界〉

材料：木材、掛榫、掛鉤

工具：鋸子、釘子、顏料
螺絲起子

用途：吊掛物品．．．．．．．

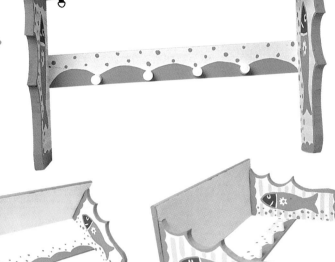

● 製作的方法　　　HOW TO MAKE

① 鋸好木片。

② 用砂紙打磨。

③ 組合裝釘頂部。

④ 組合裝釘背面。

⑤ 裝上事先準備好的白色
掛勾並上色。

⑥ 背面裝上掛勾。完成。

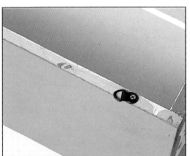

〈壁飾三人組〉

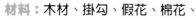

材料： 木材、掛勾、假花、棉花、
鋁條、細繩、枯枝、麻繩...

工具： 鋸子、釘子、顏料
螺絲起子

用途： 裝飾

製作的方法　　HOW TO MAKE

1

準備三個同樣大小的木框。

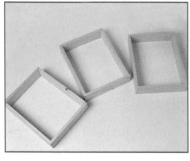

4

準備幾個小巧的裝飾品。

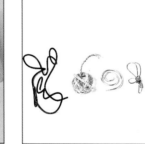

2

將三個木框各上上色。

5

分類組合，並以熱融槍黏貼於木框內。

3

待乾後將其貼上襯紙。

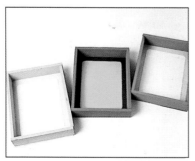

6

最後在背面裝釘掛勾，即可完成。

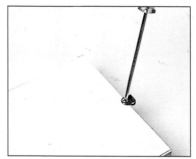

My orgiginal design

kitchen fabrics

精巧壁上掛飾為無聊的白色牆面

增添些許活潑的情調

令人神清氣爽

心曠神怡

當緊急或出門外出時

留言板就成了一個相當重要的東西了

Professional cooking

以可愛的卡通造型當掛飾

希望能再次喚醒你我童年的純真

留下美麗而又歡笑的色彩

粉紅色代表著無限的活力

心形圖案則是熱情的表徵

為平凡的衛生紙架

注入了一股熱情的生命力

〈精巧壁上掛飾〉

材料：瓦楞紙、線織花、麻繩、珠珠

工具：剪刀、熱融槍、樹脂

用途：裝飾用途

● 製作的方法　　HOW TO MAKE

1　裁取四片瓦楞紙。

4　四邊貼上小花。

2　做一組可愛的小樹為主題。

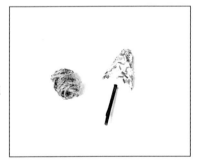

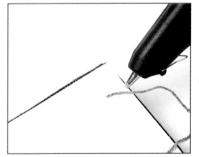

5　背面黏上麻繩。

3　將瓦楞紙、裝飾物貼於一張作為底紙的黑色瓦楞紙上。

6　在主題周圍貼上粉紅色小珠珠，即可完成。

＊〈紅粉留言板〉

材料：木板、軟木墊、掛榫、麻繩、通心粉

工具：鋸子、熱融槍、樹脂、鑽孔鋸

用途：留言、吊掛物品

● 製作的方法　　　HOW TO MAKE

1 先鋸出留言板外形。

2 在頂端二邊鑽孔。

3 裁切一塊軟木塞板，並以貼於留言板上。

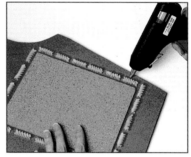

4 取幾個通心粉加以裝飾板面。

5 穿過麻繩作為吊繩。

6 釘上掛榫即完成。

❋ 〈可愛掛飾〉

材料： 木材、棉線、彩色珠珠

工具： 鋸子、砂紙、鑽孔鋸、顏料

用途： 裝飾用途

● 製作的方法　　HOW TO MAKE

① 在木板上畫上卡通造型，並鋸下來。用砂紙磨邊。

② 側邊鑽洞。

③ 上色。

④ 用彩色珠珠及棉線串起，即可完成。

❋ 〈粉紅衛生紙架〉

材料： 木材、鐵絲、木棍

工具： 鋸子、釘子、顏料、鑽孔鋸

用途： 可放置捲筒拭衛生紙

● 製作的方法　　HOW TO MAKE

1

取幾片適當的木板，畫
上想要裁切的形。

6

將英文字與木板組合。

2

將木板切割完成，並以
砂紙磨拭邊緣。

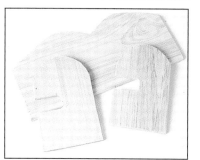

7

塗上顏色。

3

組合已切割完成的木
板。

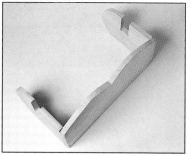

8

取一枝木棍，一邊先黏
上心形。

4

裁切兩個心形圖案。

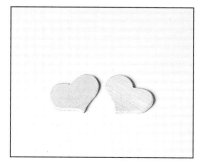

9

另一個心形則先鑽一個
洞。

5

用飛機木割下自己喜愛
的英文字。

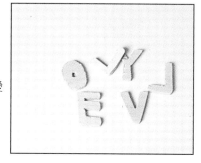

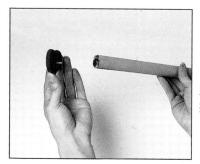

10

用鋁條或鐵絲抽入已鑽
好的洞，即完成。

idea
recipe

Ideas for
dining room

在廚房裡看過的食譜是否不知往哪擺

做個食譜雜誌架

讓妳時時刻刻伸手可得

報紙是我們生活中的精神糧食

動手做個書報架吧

漆上屬於自己的色彩

讓每天的閱報的心情能更加愉快

For natural space

古典味十足的濾紙盒掛在充滿咖啡味的室內

實用與裝飾並重

和喝咖啡的氣氛相融為一體

四處亂放的抹布與防燙手套

是否少了可掛置的吊物架

利用簡便的木材

就可做出優雅的掛飾

〈食譜雜誌架〉

材料：木材、掛鉤

工具：鋸子、釘子、顏料、螺絲起子
噴漆

用途：可放置雜誌、書報...

● 製作的方法　　HOW TO MAKE

 1

在木板畫一心形，並用
線鋸鋸掉。

 2

再用木板做兩個放置
架。

 3

將背板與分置架塗上底
色。

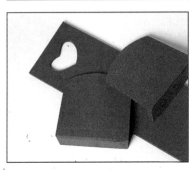

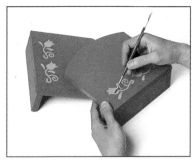

 4

於放置架上做裝飾，噴
上保護漆以防水。

5

將背板與放置架釘牢。

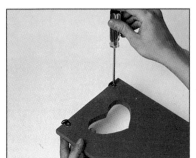

6

於背面頂端鎖上吊環即
完成。

〈開放式書報架〉

材料： 木材、掛鉤

工具： 鋸子、釘子、顏料、螺絲起子
噴漆

用途： 可放置雜誌、書報...

製作的方法

1

用線鋸於木板上鋸出背板造形。

HOW TO MAKE

2

用扁木條鋸出其餘支架。

4

在架上畫上花朵造型圖樣，並噴上防水噴漆。

3

將支架與背板用白膠黏合。

5

於背板頂端鎖上吊環即完成。

〈典雅濾紙盒〉

材料： 瓦楞紙

工具： 刀片、顏料、樹脂

用途： 可放置咖啡濾紙

● 製作的方法 　　　HOW TO MAKE

1 用鉛筆在硬瓦楞紙上畫出各部零件。

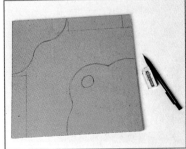

2 用美工刀切割下來。

3 塗上底色並繪上紋飾。

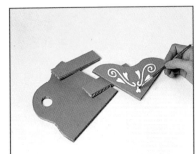

4 再以白膠將各部黏合即完成。

〈鬱金香吊架〉

材料：木材、枯枝、掛鉤

工具：鋸子、釘子、顏料、螺絲起子

用途：吊掛物品...

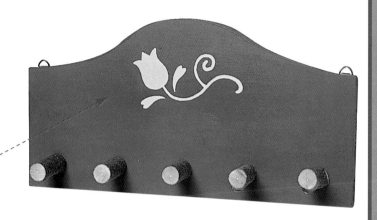

● 製作的方法　　　　HOW TO MAKE

1

用木板鋸出背板。

2

用粗樹枝鋸五支等長的掛勾。

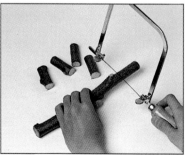

3

把鋸好的背板加以彩繪，並將掛勾釘於背板上。

4

在背板的左右頂端鎖上吊環即可。

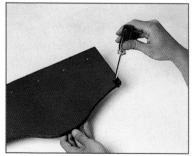

Kicthen for us

around the table

狹小的桌子是否已容不下面紙盒

不如把它掛在牆上吧

花紋面紙架正是如此實用不佔空間

自己動手製作的月曆

是不是較能使自己記住本月重要的日子

讓自己有計畫性的過日子

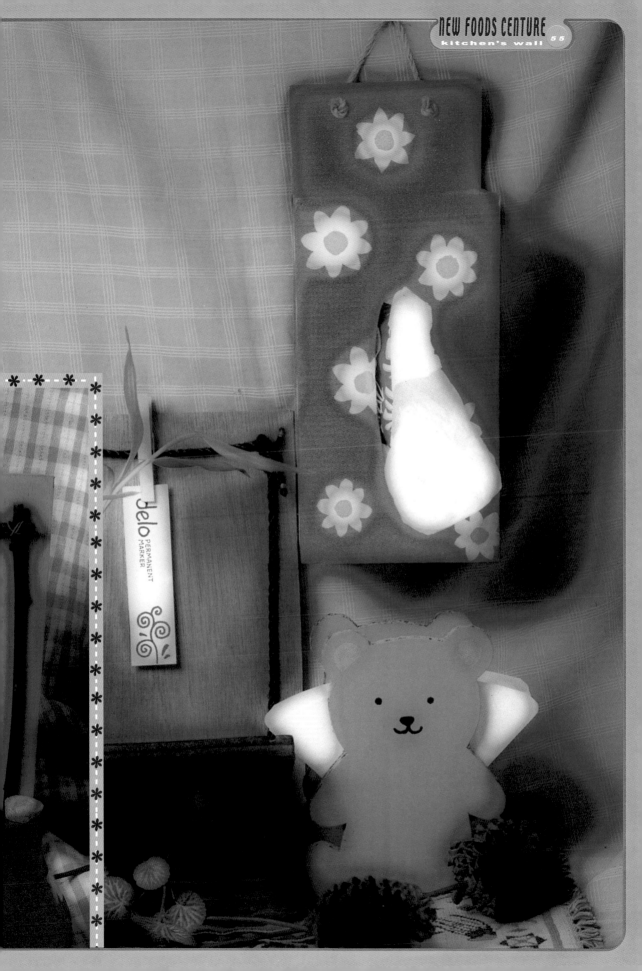

Get the freshness

the dining room

洗完手後總是溼答答的雙手不知往哪擦

如果牆上掛著擦手巾不就解決了這個煩惱了

在這黑暗的世界裡

光之精靈

將整個空間照耀的更溫暖

TOWEL

❋〈小白花紋面紙架〉

材料：木材、麻繩

工具：鋸子、鑽孔鋸、釘子、顏料

用途：可置抽取式面紙

● 製作的方法　　　　HOW TO MAKE

1 用木板鋸出各部零件。

2 在背板上端鑽兩個洞。

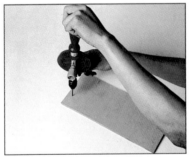

3 用釘子把大體固定完成。

4 用壓克力顏料彩繪盒身。

5 噴上保護漆以防水。

6 綁上麻繩即完成。

〈自然色月曆〉

材料： 木板、麻繩、枯枝、紙黏土、色紙

工具： 鋸子、鑽孔鋸、熱融膠、顏料

用途： 裝飾性月曆

● 製作的方法　　　HOW TO MAKE

1
用紙黏土捏出31個一樣大小的扁圓形紙黏土。

2
待其乾後塗上顏色並寫上日期數字。

3
將準備好的木板刷上底色。

4
在木板較寬的一端鑽上兩個洞並穿上麻繩。

5
用四支樹枝做邊框並用熱融膠固定。

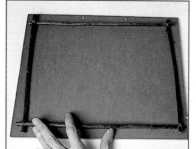

6
用牛皮紙寫上星期標示並黏於木板上。再把做好的日期用熱融膠固定於適當位置。

✳ 〈活潑造形擦手巾架〉

材料：木材、枯枝、麻繩

工具：鋸子、釘子、顏料
鑽孔鋸、樹脂

用途：吊掛手巾、毛巾等布類....

● 製作的方法　　　HOW TO MAKE

①
用木板鋸出面板。

④
各自塗上顏色並用白膠黏合。

⑤
鋸一段較粗的樹枝當吊桿。

②
再於底端鑽洞。

③
用飛機木刻出英文字。

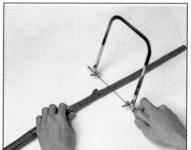

⑥
用麻繩將樹枝綁上即完成。

〈光的精靈〉

材料： 手抄紙、燈座、麻繩、鐵絲
鋁條

工具： 老虎鉗、樹脂

用途： 裝飾燈具

● 製作的方法　　　HOW TO MAKE

1
先用手固定鋁條與燈座，再用老虎鉗做出底座。

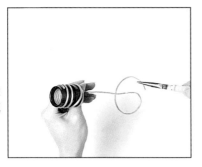

4
用白膠黏上手抄紙

2
用老虎鉗做出旋渦形骨架。並做出燈罩外框。

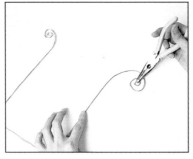

5
等白膠乾後，再用手撕去外形。

3
以鐵絲將骨架組合起。

6
最後以麻繩固定底架完成。

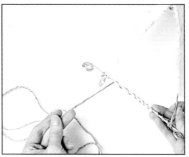

Let's make your kitchen

favorite interior

媽媽每天都得準備相當繁多的蔬菜

如果沒有一個可供收納的箱子

那將會是件相當麻煩的事情

手巾在日常生活中可是相當必備的物品

有了手巾架放在餐廳廚房裡

讓我們的雙手常保清淨

〈蔬菜收納箱〉

材料：木材、輪子

工具：鋸子、釘子、顏料
螺絲起子

用途：可置放蔬果、
雜物

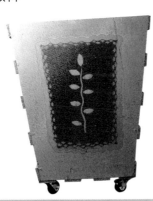

● 製作的方法　　　HOW TO MAKE

1 裁取適當的木板。

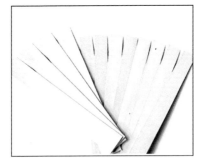

2 組合裝釘。

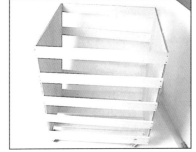

3 在底部鎖上輪子。

4 上色畫邊。

5 用透明塑膠片切割下自
己喜歡的圖案。沾海綿
上色。

6 最後修飾完成。

〈優雅手巾架〉

材料：木材、木棍

工具：鋸子、釘子、顏料
螺絲起子

用途：吊掛手巾或布料

● 製作的方法　　HOW TO MAKE

1

戈切一塊木板。

2

準備三條同樣大小的木
棍。

3

裝釘木棍。

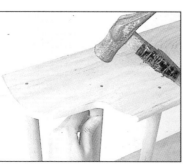

4

裝釘底座。

5

畫上圖案。

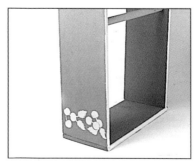

6

整體上色完成。

oriental style

購物時帶回家的手提袋是不是都當垃圾丟了呢

不妨把它裝上手提架

馬上變成了一個實用的垃圾筒

真是省錢又環保

〈環保手提袋〉

材料：木材

工具：鋸子、釘子、顏料

用途：加上塑膠袋後可成為垃圾袋
或放置其他物品

● 製作的方法　　HOW TO MAKE

① 1

將木條鋸出四長四短的
長度。

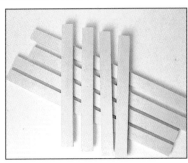

② 2

於二支上方的短木條做
支撐的掛架。

③ 3

用釘子將各木條組裝完
成。

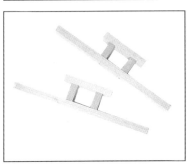

④ 4

塗上喜歡的色彩後即大
功告成。

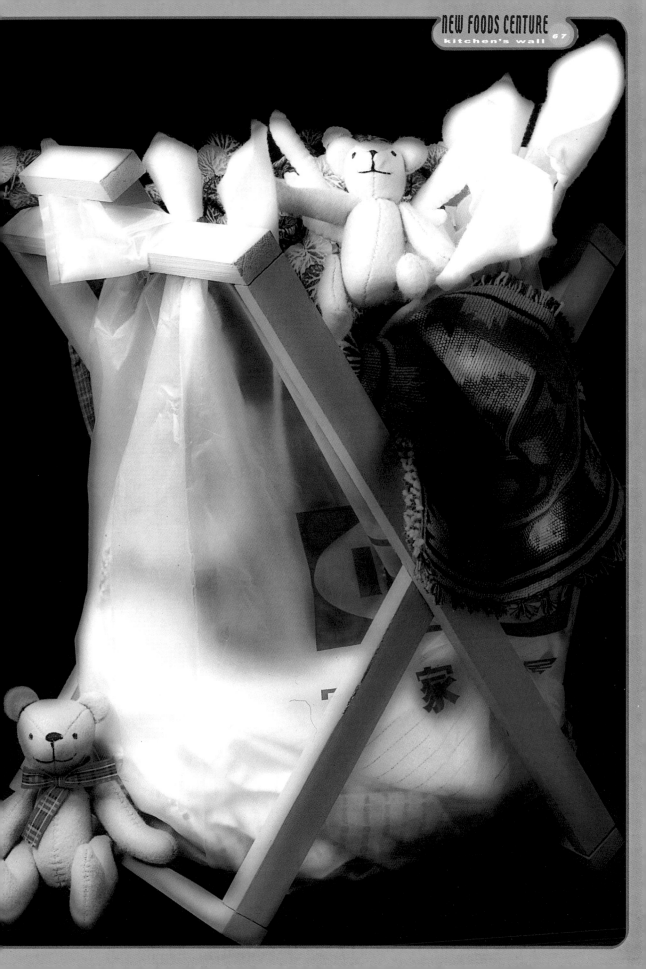

2

餐桌上空間有限

但東四又多得目不暇給

如能多加利用不同的材質

增加點桌上實用空間

使東西整理起來

更加得心應手更加輕鬆

餐桌上不是刀叉就是碗盤

桌面空間原本有限

更別提要點綴餐桌了

可是如果能突破這點

相信在吃飯之餘

美麗的裝飾定能讓你心曠神怡

增加食慾

廚 房 餐 廳 的 table

------- 桌 面 ------→

it's a good idea

Wonderful Sweets

在洗完碗盤後

最重要的最後一道步驟就是等碗盤乾

如果沒有處理好是容易滋生病菌有害健康的

以復古材質和復古色彩

企圖為這二十一世紀的今天

營造這復古的風格

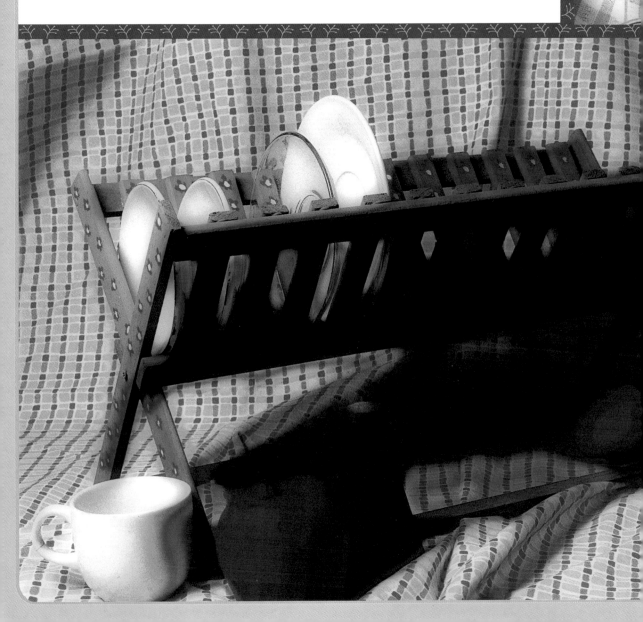

Made with warm hearts

an orgaized space

在這現實忙碌的世界裡

「夢」可以讓人暫時忘掉煩惱

藉由這夢幻餐盤把夢帶進你我的心田裡

每個人每天都要面對一大堆的生活壓力和煩惱

這個幸福的寶盒就是把人的壓力和煩惱帶走

而把幸福留給人們

希望這幸福的寶盒能把幸福降在你我的身上

〈花叢中的餐盤〉

材料：木材

工具：鋸子、釘子、顏料
透明漆

用途：可架放餐盤

● 製作的方法　　HOW TO MAKE

先把木條釘成十字形。

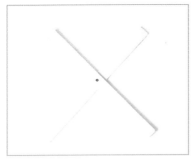

黏上小塊木條於兩邊。

②
分別釘上，上下兩端之
木條。

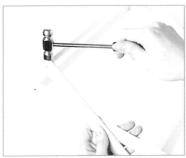

⑤
上底色。

③
釘上中間兩邊木條。

⑥
點上小花圖案，最後再
噴上透明漆即可完成。

〈水果盤〉

材料：木材、不織布

工具：鋸子、釘子、剪刀、
白膠或相片膠

用途：可放置水果

製作的方法　　HOW TO MAKE

1
用木板與木條釘出主體。

4
用不織布剪出蘋果、橘子和英文字。

2
在外圍與手把漆上對比的色彩。

5
再用相片膠把剪好的裝飾黏上即可。

3
剪塊合適的不織布並黏在底部。

〈復古筷筒〉

材料：紙捲筒、麻繩、竹片、竹叉
麻布、紙

工具：刀片、大頭釘、顏料、
白膠、轉印字

用途：可放置筷子

● 製作的方法　　HOW TO MAKE

1　切下適當大小的紙筒。

2　於紙筒上底色，再用飛
機木和釘子，釘於底
部，並以砂紙磨邊。

3　開口處用麻繩捆綁。

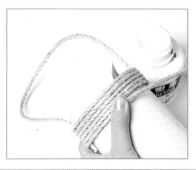

4　紙筒外，貼上竹片。

5　塗上色彩。

6　最後貼上印上轉印字的
小標誌和竹叉子的小裝
飾。

❋ 〈筷筒先生〉

材料：紙捲筒、麻繩、竹片、枯枝
軟木墊、飛機木

工具：刀片、白膠、熱融膠、園藝剪

用途：可放置筷子

● 製作的方法　　HOW TO MAKE

取一個適當的紙筒，一些竹片、圓形飛機木與軟木。

在上端綁麻繩並用熱融膠固定。

把飛機木與軟木黏合並黏於紙筒底部。

用小樹枝與熱融膠做出眼睛鼻子。

用白膠把竹片黏於紙筒上。

Like a sunlight

let's try!

其實

生活本就該如此

為平凡注入新意

這樣

人活得才會有價值

才會快樂

My favorite kitchen

put in
happiness

在這四季如春的福爾摩沙
翠綠的森林配上火紅的草莓
草莓森林罐就此誕生了
而環保成了一個相當重要的課題
如能善加利用廢棄物
使之成為有用的物品
那這世上不就會少了許多的垃圾了嗎

❋ 〈冰棍鹽座〉

材料： 冰棒棍、鋁條

工具： 顏料、白膠或熱融膠
老虎鉗、園藝剪

用途： 可放置椒鹽罐等...

● 製作的方法　　HOW TO MAKE

①
用冰棒棍與白膠做出筷筒的五個面。

②
塗上自己喜歡的色彩。

③
用鋁條折出裝飾性的造形。

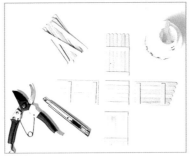

④
用白膠把筷筒組裝完成。

⑤
用熱融膠把裝飾的鋁條黏上即完成。

〈花樣筷筒椒鹽架〉

材料： 飛機木

工具： 刀片、大頭釘、顏料
圓規

用途： 放置椒鹽罐、筷子

製作的方法　　HOW TO MAKE

① 用圓規在飛機木上畫
圓。

② 用美工刀切除不要的部
分，並用砂紙磨平。

③ 用飛機木切出其餘各部
件。

④ 用大頭針固定整體。

⑤ 加以壓克力顏料彩繪即
完成。

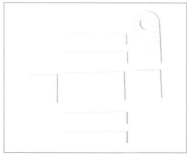

〈夢幻餐盤〉

材料：木材、布料

工具：鋸子、釘子、顏料
剪刀、白膠

用途：可放置用餐時之餐具

● 製作的方法　　　HOW TO MAKE

1
切下若干木片，並鋸下
餐盤外形。

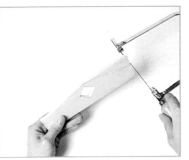

2
組合所有木片。

3
將整體上色。

4
以粉紅方形布作為餐盤
的底墊。

5
剪下兔子及衣服、草叢
造形圖案。

6
黏上所有圖案，即可完
成。

〈幸福雜物收納盒〉

材料：枯枝、透明塑膠布、布料 鋁條、麻繩

工具：鐵絲、熱融膠、剪刀、白膠

用途：可放置水果、蔬菜等雜物

● 製作的方法　　　HOW TO MAKE

1

裁成適當的樹枝，把裁刀好的樹枝，組合成方形盒子。

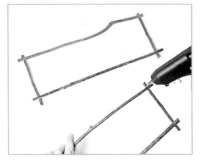

5

裁切成合適的大小。

2

用熱融膠固定四週。

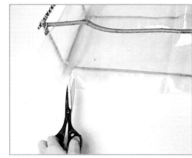

6

剪下四角，以便反折。

3

四邊繞上麻繩。

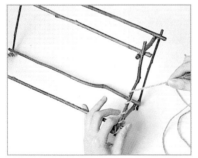

7

黏上紅色碎花布及麻布。

4

於四邊黏上透明的塑膠布。

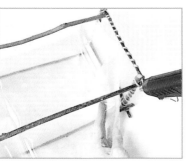

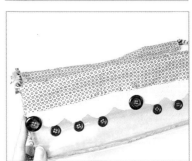

8

最後，貼上鈕扣完成。

My original design

kitchen fabrics

以環保的寶特瓶配合麻繩以及鋁條

並且運用大膽的配色

創造出方便家庭主婦放置手飾的收納盒

雜亂的物品和器具

就得運用有規則的方法來收納它們

用分類置物盒

可把雜亂無章的器物有規律地收納起來

Professional cooking

life for a change

精緻小巧盒可以收納許多的東西
像是茶包和湯匙等等
而且還有美化的功能呢
在平凡的廚房裡
增添了粉藍色系的手推車
為這平凡的廚房裡
添加了不平凡的趣味

〈太陽花物語〉

材料：木材

工具：鋸子、釘子、顏料

用途：可放置椒鹽罐等

● 製作的方法　　HOW TO MAKE

1

準備三塊木板畫上線稿裁切完成。

2

再準備三塊不同大小的木板，當作層架。

3

開始裝釘。

4

將三塊不同大小的層架木板逐一釘起。

5

將整體繪上顏色。

6

最後畫上太陽花圖案即完成。

✳ 〈麻辣香料二人組〉

材料：玻璃瓶罐、麻繩、枯枝、麻布、冰棍、鋁條

工具：剪刀、熱融膠、老虎鉗、白膠

用途：可做為椒鹽罐等...

● 製作的方法　　HOW TO MAKE

1

冰棍棒，排列成方形
墊。

2

樹枝組成椅背。

3

合樹枝與椅墊。最後
麻繩圍成旋渦狀，並
於椅墊上即完成。

4

運用麻布覆蓋於罐蓋
上，並用麻繩裝飾。

5

麻繩圍繞於玻璃罐外。

6

蓋上麻布，並抽碎邊。

✱ 〈草莓森林罐〉

材料：鐵罐、麻繩、枯枝、模型草

工具：老虎鉗、開罐器、熱融膠、
鐵絲

用途：可放置瓶罐類的東西

● 製作的方法　　　HOW TO MAKE

 1

用開罐器把鐵罐打開並
用老虎鉗把罐口壓齊，
以免割傷手。

 2

將三個鐵罐繞上麻繩以
組合起來。

 3

加上樹枝當做提手，以
熱融膠固定。

 4

用鐵絲固定枯枝。

5

用枯枝做柵欄的裝飾黏
上模型草。

6

剪塊布，並抽出碎邊。
最後將裝飾物黏上即完
成。

〈環保花瓶〉

材料：鐵罐、軟木墊

工具：老虎鉗、開罐器、顏料

用途：可放置花卉

製作的方法　　HOW TO MAKE

1
取兩個咖啡鐵罐，並用開罐器打開開口。

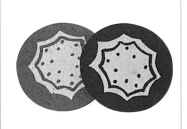

4
取兩個圓形軟木墊，並上色繪上花紋裝飾即完成。

2
將瓶身繪上白色為底色。

3
在於瓶身上繪上花紋裝飾。

Ideas for dining room

idea recipe

木製的水果盤加以不織布的裝飾

美觀大方又實用

竹片材質的筷筒先生

似乎是個懂得享受美食的老饕

滿腹是一雙雙嗜好品嚐美味的筷子

For natural space

relax time

冰棒棍做的筷筒椒鹽座
就像是筷子和調味瓶的小木屋
讓它們遮風避雨又可杜絕小蟲呢
色彩亮麗活潑的筷筒椒鹽架
就像是為筷子與調味瓶
穿上一件拉風又引人注目的衣裳

❋ 〈精靈之家〉

材料：寶特瓶、麻繩、鋁條
不織布

工具：老虎鉗、剪刀
熱融膠、刀片
顏料

用途：可放置隨身小物等...

● 製作的方法　　　HOW TO MAKE

1

裁切下廢棄不用的寶特
瓶，並保留下有瓶口的
一邊。

2

於瓶身綁上麻繩。

3

於麻繩上塗上自己喜愛
的顏色。

4

在開口處，用不織布裝
飾。

5

最後運用鋁條繞成圖
用以裝飾。

6

將鋁條黏上瓶身即
成。

〈小巧盒〉

材料：寶特瓶、布料、釦子、繩緞

工具：剪刀、刀片、熱融膠、針線 顏料

用途：可放置茶包、隨身包或糖果 等小物

● 製作的方法　　HOW TO MAKE

先把寶特瓶切割為兩半。

用熱融槍把小碎花布黏貼其上。

把緞帶綁上於瓶口處。

剪碎邊以增加活潑感。

連瓶蓋也要彩繪。

在瓶口處，做上釦子，即可完成。

〈復古分類置物盒〉

材料: 木材、木棍、寶特瓶、布料

工具: 鋸子、釘子、顏料、白膠
熱融膠、剪刀

用途: 收納廚房物品等...

製作的方法　　HOW TO MAKE

1 裁切適當的木片。

4 把已切好的木條，先上一層咖啡色底色。

2 組合已切割完成的木片。

5 再用黃色顏料畫上紋路。

3 切割木條。

6 最後把畫好的小木塊黏貼在已做好的盒子上。

● 製作的方法 　　　　HOW TO MAKE

首先找塊布料，把寶特瓶包裝起來。

剪開底部四邊。

用熱融槍固定固定適才剪開的四邊。

在開口的布邊，抽碎邊，以增加華麗感。

Kitchen for us

around the
table

在燭光的餐桌上擺上插著玫瑰的花瓶

不僅美化了餐桌也更增加浪漫的氣氛

而廚房是媽媽常去的地方

有什麼悄悄話儘管留下

貝殼留言板一定幫你轉達

是家人溝通的好橋樑

Get the freshness

the dining room

利用簡單的木材和麻繩的結合

製作出利於生活上的留言架

不僅美觀大方更增添了些許的樂趣

有什麼話什麼事要交待怕忘記

在彎曲的鋁條上

你可以把小卡片夾在上面

隨時提醒自己喔

〈置蛋手推車〉

材料：木材

工具：鋸子、釘子、顏料
白膠、老虎鉗、鐵絲

用途：置蛋

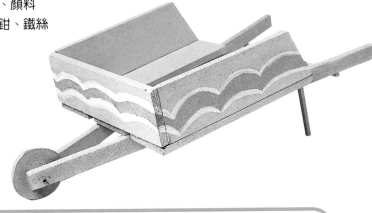

製作的方法　　HOW TO MAKE

1 鋸下長條形木條兩條以及一個圓形木輪。

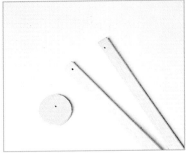

2 鋸下三片同大小的木板。

3 首先組合外框，再塗上顏色。

4 用膠帶做型版，並用菜瓜布沾顏料拍出顏色。待顏料乾後，撕去型版。

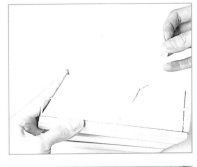

5 畫上白色邊。

6 組合推車前輪，即完成。

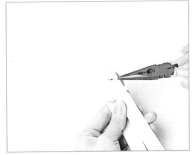

〈試管花瓶〉

材料：試管、鋁條、石頭

工具：老虎鉗、顏料

用途：裝飾花卉

製作的方法　　HOW TO MAKE

1

用鋁條在試管上隨意的
繞圈並留出一段。

2

挑塊合適的小石子並塗
上色彩。

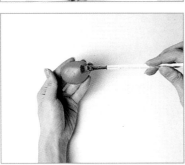

3

把另一段鋁條纏繞上小
石子並折一段螺旋狀的
裝飾。

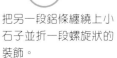

〈貝殼留言板〉

材料：木板、軟木墊、枯枝
　　　貝殼、

工具：鋸子、白膠、顏料
　　　熱融膠、鐵絲

用途：留言小物

● 製作的方法　　　HOW TO MAKE

1 找一塊合適大小的木板
並漆上白色。

4 把樹枝做成的框用熱融
膠固定於木板。

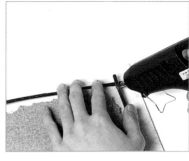

2 割一塊軟木墊，把周圍
撕成不規則狀。

5 在軟木墊的四個角落用
熱融膠黏上貝殼。

3 把四支小樹枝的兩端各
自綁上鐵絲固定。

✳ 〈自然主義留言板〉

材料： 木板、木夾、枯枝、麻繩

工具： 鋸子、顏料、染料、熱融膠
鐵絲、園藝剪

用途： 留言小物

● 製作的方法　　　HOW TO MAKE

① 準備一塊木板並塗上較深的棕色。

② 把麻繩染成黑色並依著板子的四個角打結後用熱融膠固定於板子上。

③ 用園藝剪，剪下六小段樹枝並用熱融膠黏於木板上。

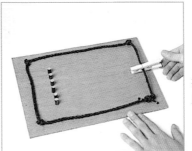

④ 把木夾子夾於麻繩上端即完成。

Let's make your kitchen

favorite
interior

滿是油煙的廚房裡

小型的花盆植物可以增添廚房色彩製造氧氣

飛機板DIY的花器讓妳的花草更美麗

飲料的水總是把桌子弄得溼答答

如果在下面加個杯墊

就不會滴的滿桌子水

手工精製的飛機木杯墊幫妳解決了這個難題

COFFEE	80
BLACK TEA	50
MILK TEA	70
WATER	30
FRUIT	60
ORANGE	60
VEGETABLE	70

SujuiHo

delo PERMANENT MARKER

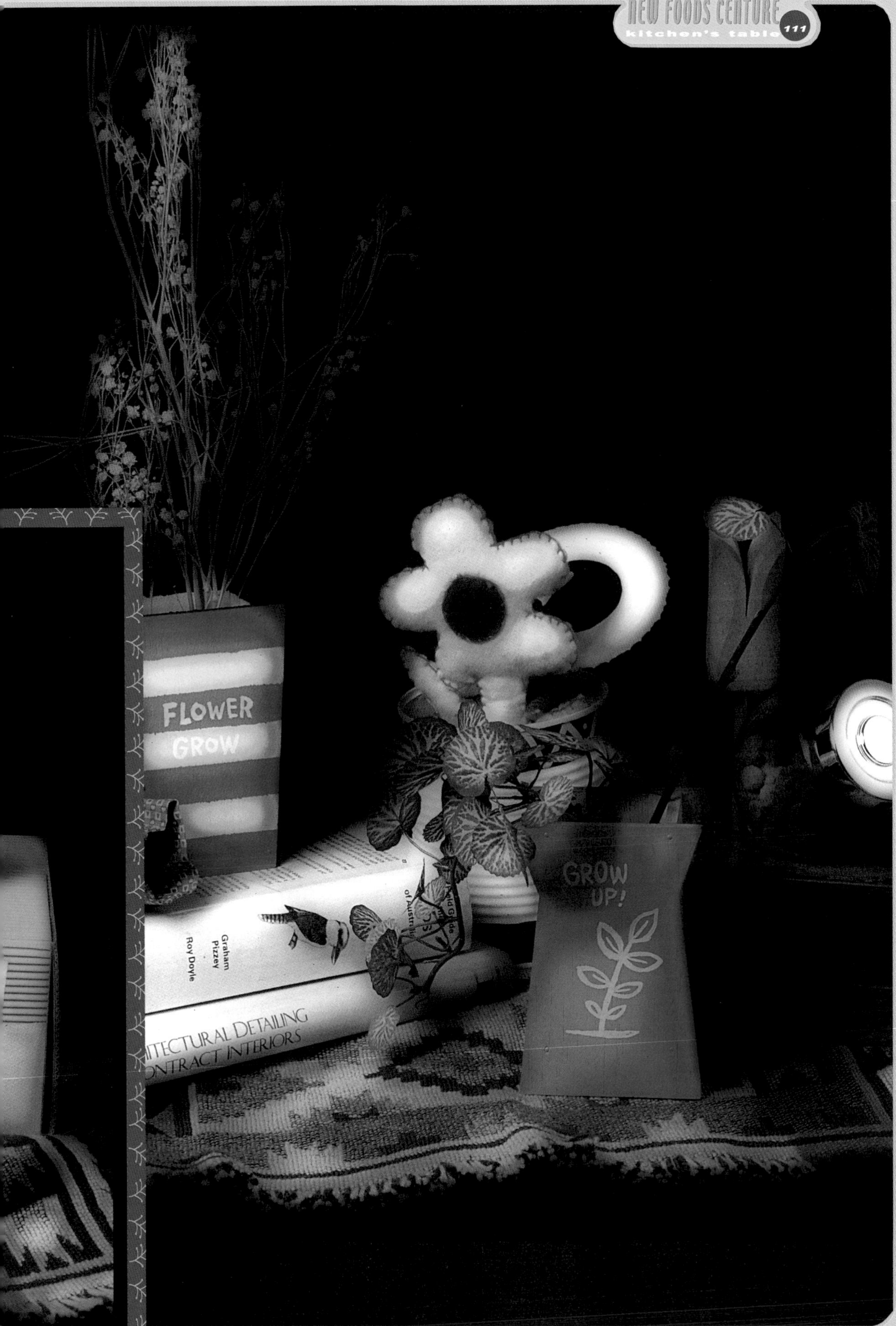
FLOWER
GROW
GROW UP!
Graham
Pizzey
Roy Doyle

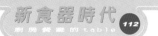

btock
bag

Oriental style

木製的裝飾品最能散發出自然風味

再加上美化後的軟片盒

便成了一物二用的牙籤座

一般不起眼的小碟子

只要用點巧思用鋁條加個線條

就成了實用的煙灰缸

煙蒂不再掉滿地

〈典雅留言條架〉

材料： 木材、鋁條

工具： 鋸子、鑽孔鋸、老虎鉗

用途： 留言小物

製作的方法　　HOW TO MAKE

1 鋸一小段扁木條並鑽出三個合適的洞。

3 用深色鋁條折出三根螺旋形的支架。

2 把木條塗上自己喜歡的色彩。

4 用熱融膠把支架固定在底座的三個洞裡。

〈飛機木花具〉

材料：飛機木

工具：鋸子、釘子、顏料

用途：可放置乾燥花裝飾

製作的方法　HOW TO MAKE

1　用飛機木切割出花瓶的各部零件。

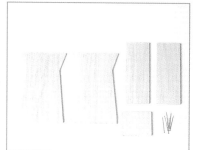

2　用大頭釘組裝固定。

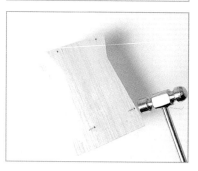

3　塗上一層鮮豔的底色。

4　再繪上小插圖即完成。

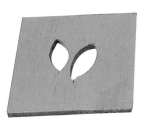

〈彩色杯墊〉

材料：木材

工具：鋸子、刀片、顏料

用途：作為杯墊

● 製作的方法　　　　HOW TO MAKE

在一塊方形的飛機木畫
出要挖除的部分。

③
最後塗上喜歡的色彩
完成。

用美工刀把畫好的圖案
挖除。

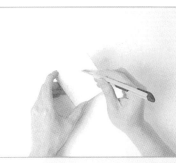

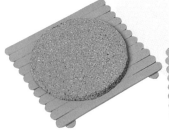

〈軟片盒牙籤座〉

材料： 軟片盒、枯枝

工具： 園藝剪、顏料、熱融膠

用途： 放置牙籤、牙線

● 製作的方法　　　HOW TO MAKE

1

單調的軟片空盒彩。

2

上防水噴漆，以防顏脫落。

3

用枯枝與熱融膠做出放牙籤盒的底座。

4

放上彩繪完成的空盒即完成。

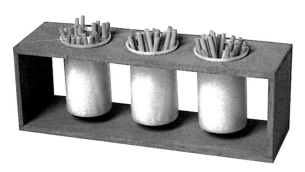

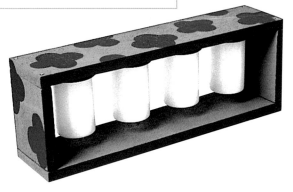

It's good
choice

my healthy
life

人們休息時坐在椅子上
而筷子們是否也要有張休息的小椅子摩登造
型筷置滿足它們的需求
英文報紙與麻繩的結合
創造出優雅的氣息
用它來包裝面紙盒
與潔白面紙真是天作之合呀

Special for my kitchen

artful living

潔白的面紙就像小白兔皮毛
當面紙與皮膚的接觸時
柔柔的感覺就像依偎在小白兔的身體上
可愛的熊寶寶濾紙
是否讓妳更加期待熊寶寶一起喝咖啡的時刻

〈小碟子煙灰缸〉

材料： 小碟子（瓷）、鋁條、木板

工具： 老虎鉗、銀色奇異筆、熱融膠

用途： 煙灰缸

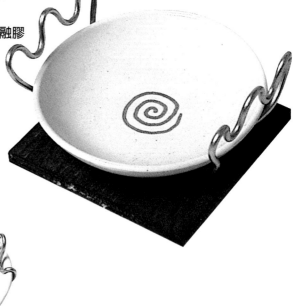

● 製作的方法　　　　　HOW TO MAKE

1

用銀色油漆筆於小碟子
內畫上飾紋。

2

拿鋁條順著碟子的弧度
折出翅膀。

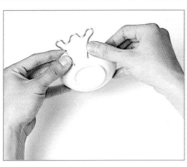

3

用熱融膠把折好的翅膀
黏上。

4

取一適合的飛機木漆上
深棕色並用熱融膠將它
黏於碟子底部。

〈摩登筷置〉

材料：紙黏土

工具：噴漆、顏料

用途：筷置

● 製作的方法　HOW TO MAKE

1

用黏土捏出造形。

2

待其乾後塗上顏色。

3

噴上一層保護漆即完成。

〈英文報紙面紙盒〉

材料： 紙盒、麻繩、英文報紙
樹葉

工具： 刀片、白膠

用途： 可放置抽取式面紙

● 製作的方法　　HOW TO MAKE

用厚紙板切割出面紙盒的展開形。

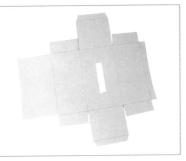

把面紙裝入並綁上麻繩。

用白膠黏合成立體的紙盒。

把葉子壓乾並用白膠黏於盒身即可。

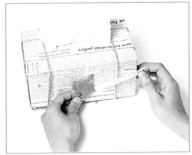

將表面貼上英文報紙。

〈小白兔捲筒面紙架〉

材料：木板、木棍

工具：釘子、鋸子、顏料

用途：可放置捲筒式面紙

● 製作的方法　　　HOW TO MAKE

用線鋸於木板上鋸出白兔的外形。

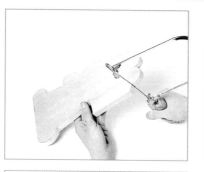

待其乾後用釘子把白兔與底座釘牢即可。

另外鋸好一方形底座與支撐面紙的圓木棒。將木棒與底座釘牢。

將白兔與底座上色並噴上保護漆。

Anything is possible!

natural and
modern

廚房的瓶瓶罐罐是否擺得雜亂無章

藍白收納架不僅美化了廚房

也讓瓶瓶罐罐能夠有系統的做整理

多用途的寶特瓶喝完了可別隨手丟

經過巧思與美化後

也可成為刀叉與湯匙的分類筒

真是既實用又環保

This is my favorite!!

about interior goods

刀子、叉子與湯匙用餐時不可少

收拾起來又不方便

拿起工具敲敲打打

歐風分類皿讓妳收拾起來

省時又方便

COFFEE	80
BLACK TEA	50
MILK TEA	70
WATER	30
FRUIT	60
ORANGE	60
VEGETABLE	70

〈熊寶貝濾紙盒〉

材料： 紙箱

工具： 刀片、白膠、剪刀、顏料

用途： 可放置咖啡濾紙

● 製作的方法　　　HOW TO MAKE

於硬瓦楞紙繪出小熊外形並用美工刀切割下來。

用白膠黏合組裝完成

將小熊與兩片支撐板上色。

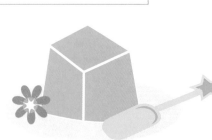

〈藍白收納架〉

材料： 木板、木棍

工具： 鋸子、釘子、白膠
顏料

用途： 可放置廚房器具

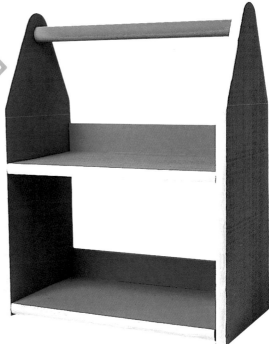

● 製作的方法　　　HOW TO MAKE

用鉛筆在木板上畫出各
零件。

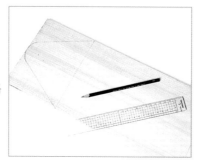

用線鋸把各零件鋸下來
。

用釘子組裝收納架主
體。

於收納架一邊用白膠黏
上扁木條。

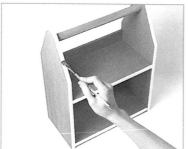

將收納架彩繪上色彩即
完成。

〈圓筒餐具收納組〉

材料： 寶特瓶、鋁條

工具： 鋸子、老虎鉗、顏料

用途： 收納餐具等...

● 製作的方法　　　HOW TO MAKE

1 把三支礦泉水空瓶切掉上半段。

3 將彩繪後的瓶身噴上保護漆，以防顏色脫落。

2 將瓶身加彩繪。

4 將深色鋁條折成提把並與三圓筒作纏繞即完成。

〈歐風餐具分類皿〉

材料： 木材、鋁條、麻繩

工具： 鋸子、老虎鉗、顏料、釘子

用途： 收納餐具等...

製作的方法　　HOW TO MAKE

1 木板與扁木條釘出主。

3 於兩側鑽洞並綁上麻繩。

2 外圍與底部各漆上顏。

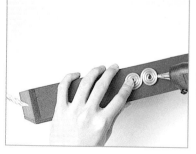

4 用鋁條在外圍做裝飾即可。

精緻手繪POP叢書目錄

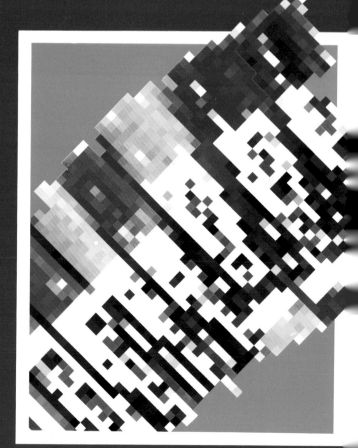

POINT OF
PURCHASE

名家序文摘要

名家創意

海報　包裝　識別

設計

北星圖書
新形象
震憾出版

名家創意識別設計

陳木村先生（中華民國形象研究發展協會理事長）

這是一本用不同手法編排，真正屬於 CI 的書，可以感受到此書能讓讀者用不同的立場，不同的方向去了解 CI 的內涵。

名家創意包裝設計

陳永基先生（陳永基設計工作室負責人）

「消費者第一次是買你的包裝，第二次才是買你的產品」，所以現階段行銷策略、廣告以至包裝設計，就成為決定買賣勝負的關鍵。

名家創意海報設計

柯鴻圖先生（台灣印象海報設計聯誼會會長）

國內出版商願意陸續編輯推廣，闡揚本土化作品，提昇海報的設計地位，個人自是樂觀其成，並予高度肯定。

名家・創意系列 ❶

識別設計

——識別設計案例約140件

◎編輯部　編譯　◎定價：1200元

此書以不同的手法編排，更是實際、客觀的行動與立場規劃完成的CI書，使初學者、抑或是企業、執行者、設計師等，能以不同的立場，不同的方向去了解CI的內涵；也才有助於CI的導入，更有助於企業產生導入CI的功能。

名家・創意系列 ❷

包裝設計

——包裝案例作品約200件

◎編輯部　編譯　◎定價800元

就包裝設計而言，它是產品的代言人，所以成功的包裝設計，在外觀上除了可以吸引消費者引起購買慾望外，還可以立即產生購買的反應；本書中的包裝設計作品都符合了上述的要點，經由長期建立的形象和個性對產品賦予了新的生命。

名家・創意系列 ❸

海報設計

——海報設計作品約200幅

◎編輯部　編譯　◎定價：800元

在邁入已開發國家之林，「台灣形象」給外人的感覺卻是不佳的，經由一系列的「台灣形象」海報設計，陸續出現於歐美各諸國中，為台灣掙得了不少的形象，也開啟了台灣海報設計新紀元。全書分理論篇與海報設計精選，包括社會海報、商業海報、公益海報、藝文海報等，實為近年來台灣海報設計發展的代表。

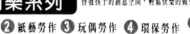

國家圖書館出版品預行編目資料

餐廳與廚房佈置：創意輕鬆做/新形象編著.──
第一版.── 台北縣中和市：新形象，2006〔
民95〕
　　面　：　公分──（手創生活；9）
ISBN 978-957-2035-93-1(平裝)
1. 家庭佈置　2. 餐廳　3. 廚房
422.52　　　　　　　　　95024726

手創生活-**9**

餐廳與廚房佈置 創意輕鬆

出版者	新形象出版事業有限公司
負責人	陳偉賢
地址	台北縣中和市235中和路322號8樓之1
電話	(02)2927-8446　(02)2920-7133
傳真	(02)2922-9041

編著者	新形象
美術設計	蘇瑞和、施淵允、吳佳芳、戴淑雯、盧慧欣
執行編輯	蘇瑞和、施淵允
電腦美編	黃筱晴
製版所	興旺彩色印刷製版有限公司
印刷所	利林印刷股份有限公司

總代理	北星圖書事業股份有限公司
地址	台北縣永和市234中正路456號B1樓
門市	北星圖書事業股份有限公司
地址	台北縣永和市234中正路498號
電話	(02)2922-9000
傳真	(02)2922-9041
網址	www.nsbooks.com.tw
郵撥帳號	0544500-7北星圖書帳戶
本版發行	2007 年 1 月　第一版第一刷
定價	NT$ 350 元整